走 进 中 国 民 居

新疆的阿以旺

张怡 著　梁灵惠 绘

U0163419

电子工业出版社

Publishing House of Electronics Industry

北京·BEIJING

新疆位于中国的西北部，古代称为西域。《西游记》中，唐僧师徒一行从长安出发，经过新疆及中亚各国，最终到达如今的印度，取得真经。

　　新疆地区是陆上丝绸之路的桥梁和纽带，不同的族群在这里留居、繁衍、交融。今天的新疆，共有13个世居民族，其中人数最多的是维吾尔族。

新疆是我国土地面积最大的省份，占全国的 1/6。它到底有多大呢？它跨越了整整一个时区！当乌鲁木齐的太阳已经落下时，喀什却依然是白天。

新疆的地形复杂多变，山脉与盆地相间排列，盆地被高山环抱。北为阿尔泰山，南为昆仑山，天山横亘中间，把新疆分为南北两部分，北部是准噶尔盆地，南部是塔里木盆地，因此有了"三山夹两盆"的说法。

　　独特的地理位置和地形条件，形成了新疆夏季炎热、冬季酷寒，及昼夜温差大的气候特点。《西游记》中，孙悟空为过火焰山而三借芭蕉扇的地方就在新疆吐鲁番盆地。

　　吐鲁番盆地夏季最高气温可达 49.6℃，是中国最热的地方。但同时，这里有许多海拔超过雪线的冰川，夏季冰川融化，补给河流和湖泊，滋养沙漠中的绿洲。

　　多样的地形和气候条件，也造就了新疆地区丰富多彩的民居形式。在林区，居民选择坚硬挺拔的松树、杉树等，砍伐、晾干、去皮后，建成木屋；在山区，居民用卵石或石块砌筑房屋；在沙漠和戈壁滩，气候恶劣，建材稀缺，当地人民就用树干、枝条、茎叶、沙土等建造草屋。

　　而位于南疆和田地区的维吾尔族居民们建造的房屋，则是最有特点的一种。这种房屋体现了劳动人民因地制宜的智慧，被称为阿以旺民居。

为了减少风沙的侵扰，和田地区的居民会把房屋四周用厚厚的墙围起来，只留一道小门作为入口。

　　内部庭院较小，房间向内部庭院开窗。为了防风沙，庭院的顶部高高凸起，侧面开高窗采光。这个有高高的屋顶和侧窗的庭院，便是阿以旺。"阿以旺"在维吾尔族语中，意为"明亮的住所"。

　　我国平原地区的汉族传统民居以院落为中心，四面房屋围合起来，形成整
套合院，庭院面积一般大于居室。

　　而阿以旺民居由于外窗少，室内昏暗，有自然光线的居室便显得尤其珍贵，因此通常将频繁的起居活动安排在最明亮的房间中。于是，阿以旺厅便有了比北方庭院更丰富的功能，成为了维吾尔族民居的核心，也是其精华所在。

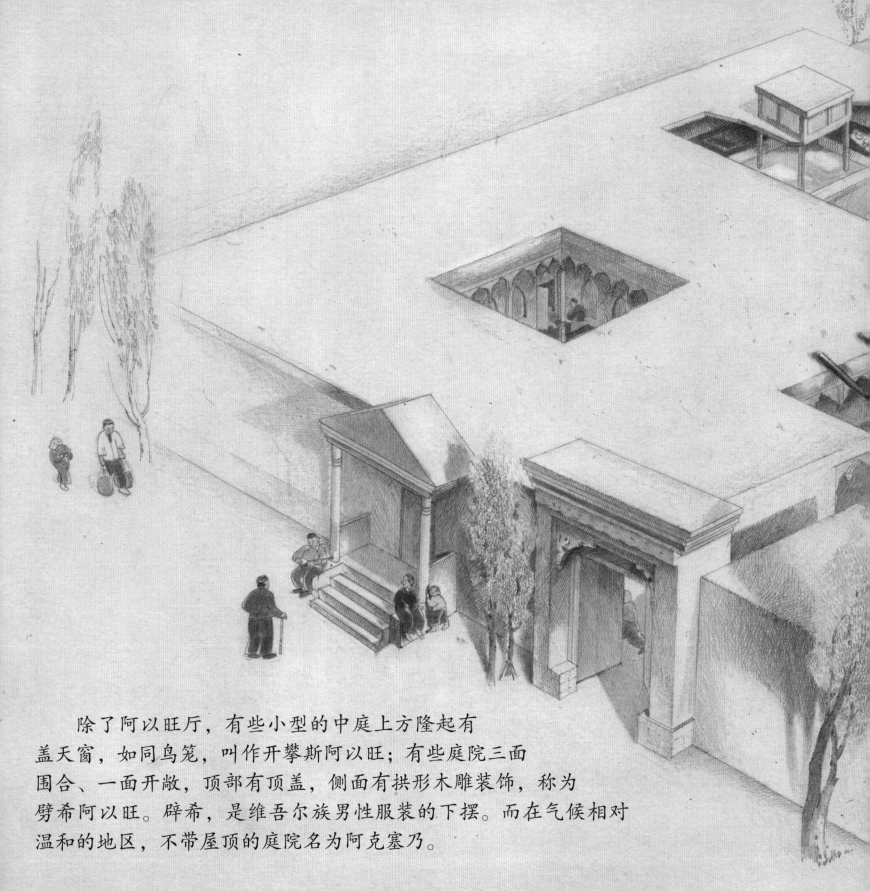

　　除了阿以旺厅，有些小型的中庭上方隆起有
盖天窗，如同鸟笼，叫作开攀斯阿以旺；有些庭院三面
围合、一面开敞，顶部有顶盖，侧面有拱形木雕装饰，称为
劈希阿以旺。辟希，是维吾尔族男性服装的下摆。而在气候相对
温和的地区，不带屋顶的庭院名为阿克塞乃。

在一户人家内，常可见到几种不同形式的阿以旺自由组合，提供具有不同功能和感受的空间。

让我们一起走进阿以旺看看吧！民居的入口处，通常在大门两侧放置两条坐凳，或是在柱下与门头砌筑在一起。由于内部居室的窗户小而少，这里便成了民居对外联系的窗口。孩童在门口玩耍，家中女性在闲暇时坐在这里休憩，同邻居聊天，观察来来往往的行人。

入口处也是外人了解主人家最直接的地方，勤劳的女性家庭成员每天都会将门口打扫得干净妥帖。

　　民居内部有一个没有窗户的暗房间连接左右两个有窗房间的组合，叫作沙拉依，中间小、两边大。左侧是主人的卧室，右侧为老人、儿童的居室。

　　根据主人的经济状况和家庭人口数量，围绕阿以旺厅布置 1～3 组沙拉依，便成了南疆常见的维吾尔族人的家。

居室前建造连廊，将一字排开的居室连起来。维吾尔族人民在连廊下方砌起坐炕，或摆上桌、椅、凳、盆、筐、篮等家具。

　　除了寒冷的冬季，一年中大多数时间烧火、做饭也都在室外进行，做饭的灶台常设在主屋前连廊的一端。人们在阿以旺厅及连廊做饭、就餐、玩耍、休息、聚会，一家老小其乐融融，充满浓郁的生活气息。

　　当地居民也喜欢在院落内开辟一片种植果树、蔬菜的园地。由于长时间的日照和昼夜较大的温差，苹果、杏子、李子、桃个个儿长得香甜饱满。

　　葡萄是南疆家家户户几乎都会种植的水果。在种植区的边缘搭上葡萄架，和外廊相连，又成了一处遮荫乘凉、休息聚会的地方。

　　成熟的时候，葡萄一串串低垂，人们随手便可从葡萄架上摘一串品尝。吃不完的葡萄集中在晒房里晒成葡萄干，带着新疆热情的阳光，运往全国其他地方。

　　"维族小姑娘辫儿长，
　　几岁和几根正相当。
　　要问新疆有多好，
　　你把这葡萄尝一尝。"

饮食文化是文化中重要的组成部分。维吾尔族人不食猪肉，肉类食物以牛、羊为主。有些院子内也会养羊或牛。他们早饭吃馕和各种瓜果酱、甜酱，喝奶茶、油茶等，午饭是各类主食，晚饭多是馕、茶或汤面等。

　　馕是最重要的主食。将鸡蛋、牛奶、洋葱、清油和面粉和在一起，揉成面饼，然后放进馕坑烤制。烤馕的时候，需要把揉好的烤馕生胚贴到馕坑的内壁上，用内壁的温度把馕烙熟。这种食物方便携带和储存，在炎热地区也不易变质。

　　维吾尔族人民讲维吾尔族语，他们五官立体、皮肤白皙。他们能歌善舞、开朗好客，擅于弹奏各种民族乐器，舞蹈和音乐充满欢快的节奏感。

　　姑娘们头上编着许多小辫子，身穿色彩丰富、图案华丽的衣服，戴着金属饰品。随音乐旋转舞动时，饰品碰撞发出叮叮当当的声音，七彩的衣裙在阳光下仿佛朵朵璀璨开放的鲜花。

28

　　维吾尔族人的房子是用土坯砖砌筑而成的。为抵御严寒，墙壁通常较厚。在厚墙上挖出凹进去的壁龛或壁炉，壁龛内摆放代表好运的吉祥物或装饰品。而拱形是维吾尔族建筑中最常见的形式。维吾尔族人民创造了多样的拱，常见的桃拱，顶部尖尖的，像一簇火焰。在大门处、连廊的外侧、房间内部的壁龛，均可见到这些美丽的拱。

如果说"沉稳"是汉族民居的特质，那么"绚烂"就是维吾尔族人生活的底色。

　　维吾尔族人民喜欢用花卉图案装点墙顶和壁龛的边缘。他们将牡丹、荷花、葵花、菊花、梅花、玫瑰等花朵图案与几何形纹理交织。除了建筑上的各种装饰元素，色彩丰富的壁毯、地毯，也装点着房屋的各个角落。编制毛毯的复杂技艺，通过代代手艺人传承下来，成为了文字、音乐、舞蹈之外，维吾尔族人共同的文化遗产。

　　在阿以旺民居建筑的装饰色彩中，整体以白色和
绿色为主。这是为什么呢？早年间，维吾尔族人在沙漠
之间游牧。有绿色的地方是绿洲；有了牧草，牛、羊、骆
驼便可以生存。因而，绿色是维吾尔族人希望、生命和力量的源泉。

白色代表圣洁。而且在阳光灼热的南疆地区，白色可以最大程度地反射太阳光，保持室内清爽舒适。

于是，白色和绿色成了维吾尔族人最喜欢的颜色，也为成片的黄色生土房屋增添了一份生动。

维吾尔族人民在这块独特的土地上，创建了平和的格局、友好的邻里关系以及舒适的环境。曲折的小巷、蜿蜒的土墙将阳光切割成一片片，和树影、葡萄架投下的影子交织变换。

而生活在这里的热情乐观的维吾尔族人民，就如同闪亮的音符，用劳作谱写出一曲动人的民族乐章。

"人都说 新疆是个好地方
地肥水美 令人神往
能歌善舞的新疆人哟
每天的笑脸都神采飞扬
阿尔泰山泛着金光
沙漠驼铃把快乐摇晃
热瓦甫将奋发昂扬哟
哈密瓜甜到咱心坎儿上
边疆处处赛江南"

图书在版编目（CIP）数据

走进中国民居. 新疆的阿以旺 / 张怡著；梁灵惠绘. -- 北京：电子工业出版社，2023.1
ISBN 978-7-121-44605-4

Ⅰ. ①走… Ⅱ. ①张… ②梁… Ⅲ. ①维吾尔族－民居－新疆－少儿读物 Ⅳ. ①TU241.5-49

中国版本图书馆CIP数据核字（2022）第226507号

责任编辑：朱思霖
印　　刷：北京瑞禾彩色印刷有限公司
装　　订：北京瑞禾彩色印刷有限公司
出版发行：电子工业出版社
　　　　　北京市海淀区万寿路173信箱　邮编：100036
开　　本：889×1194　1/16　印张：18　字数：46.2千字
版　　次：2023年1月第1版
印　　次：2023年4月第2次印刷
定　　价：168.00元（全6册）

　　凡所购买电子工业出版社图书有缺损问题，请向购买书店调换。若书店售缺，请与本社
发行部联系，联系及邮购电话：（010）88254888，88258888。
　　质量投诉请发邮件至zlts@phei.com.cn，盗版侵权举报请发邮件至dbqq@phei.com.cn。
　　本书咨询联系方式：（010）88254161转1859，zhusl@phei.com.cn。